BEI GRIN MACHT SICH IHR WISSEN BEZAHLT

- Wir veröffentlichen Ihre Hausarbeit,
  Bachelor- und Masterarbeit

- Ihr eigenes eBook und Buch -
  weltweit in allen wichtigen Shops

- Verdienen Sie an jedem Verkauf

Jetzt bei www.GRIN.com hochladen und kostenlos publizieren

Eva Veddeler

Eine Übersicht über lineare Gleichungssysteme

GRIN Verlag

Bibliografische Information der Deutschen Nationalbibliothek:

Die Deutsche Bibliothek verzeichnet diese Publikation in der Deutschen National-
bibliografie; detaillierte bibliografische Daten sind im Internet über http://dnb.d-
nb.de/ abrufbar.

Impressum:

Copyright © 2010 GRIN Verlag GmbH
Druck und Bindung: Books on Demand GmbH, Norderstedt Germany
ISBN: 978-3-656-02055-4

Dieses Buch bei GRIN:

http://www.grin.com/de/e-book/179570/eine-uebersicht-ueber-lineare-gleichungs-
systeme

Lineare Gleichungssysteme

Gliederung:

1. Einleitung

Lineare Gleichungssysteme begleiten uns überall im Leben, ob im Alltag oder in der Wirtschafts- bzw. Sozialwissenschaft. Fast jeder Bundesbürger besitzt ein Mobiltelefon, Bankkonto oder einen bestimmten Stromtarif. Aber wie genau kann man z.B. den besten Handytarif berechnen?

Wie werden außermathematische, aber auch innermathematische Problemstellungen, mit Hilfe des linearen Gleichungssystems im Rahmen des Mathematikunterrichts der Sekundarstufe I gelöst? Welche Mittel stehen den Schülerinnen und Schülern zur Lösung dieser Probleme zur Verfügung? Diese Fragen werden in unserer Ausarbeitung zum Seminar „Didaktik des Funktionsbegriffs" der Universität Bielefeld, Wintersemester 2009/2010, bearbeitet.

Nach der allgemeinen Definition des Begriffs „Lineares Gleichungssystem", soll das Thema anhand von linearen Gleichungssystemen mit zwei Variablen näher erläutert werden. Es folgt ein kurzer Überblick der historischen Betrachtungsweise des Themenbereiches. Anschließend möchten wir die Einordnung in Bezug auf den Lehrplan vornehmen und beleuchten welche Voraussetzungen Schülerinnen und Schüler erfüllen müssen, wenn lineare Gleichungssysteme im Mathematikunterricht eingeführt werden.

Im darauffolgenden Abschnitt stellen wir die Lösungsverfahren linearer Gleichungssysteme mit zwei Unbekannten vor. Sowohl die geometrische Lösungsmethode, als auch die drei algebraischen Verfahren werden beschrieben und im Bezug auf die jeweilige Eignung überprüft.

Der Einsatz von neuen Medien ist ein fester Bestandteil des Kernlehrplans im Fach Mathematik der Sekundarstufe I an Realschulen. Warum sich das Thema „Lineare Gleichungssysteme" besonders für den Einsatz des Computers (insbesondere des dynamischen Zeichenprogramms „GeoGebra") eignet, klären wir ebenfalls im weiteren Verlauf der Ausarbeitung.

Abschließend werden die wesentlichen Erkenntnisse in einem Fazit zusammengefasst.

2. Lineare Gleichungssysteme

2.1 Allgemeine Definition

Die Notwendigkeit, Gleichungen aufzustellen – und natürlich zu lösen-, die mehr als eine Unbekannte enthalten, ergibt sich in der Praxis recht häufig[1]. „(…)weil es manchmal vorkommt, dass man Beziehungen zwischen zwei oder mehr Größen hat und aus diesen Beziehungen die Werte der Größen berechnen muss."[2] In solchen Fällen enthält eine Gleichung statt einer, mehrere von einander abhängiger Variablen.

Lineare Gleichungen mit n Variablen (x_1,…, x_n) werden in der Form

$$a_1 x_1 + a_2 x_2 + \ldots + a_n x_n = b$$

dargestellt, wobei a und b konstante, reelle Zahlen sind.

Wenn die Variablen (x_1,…, x_n) gleichzeitig mehrere Gleichungen erfüllen sollen, spricht man von einem **linearen Gleichungssystem**. Allgemein lässt sich ein Gleichungssystem mit m Gleichungen und n Unbekannten immer in die folgende Form bringen:

$$
\begin{aligned}
a_{11}x_1 + a_{12}x_2 &\cdots & a_{1n}x_n &= b_1 \\
a_{21}x_1 + a_{22}x_2 &\cdots & a_{2n}x_n &= b_2 \\
&\vdots \\
a_{m1}x_1 + a_{m2}x_2 &\cdots & a_{mn}x_n &= b_m
\end{aligned}
$$

Die Koeffizienten a_{zs} haben zwei Indizes. Der erste Index bezieht sich auf die Gleichung (Spalte), während die Zweite die Variable (Zeile) bezeichnet.

Die n-Tupel (x_1,…, x_n), welche alle Gleichungen erfüllen, bilden die Lösungsmenge des Gleichungssystems. Zur eindeutigen Bestimmung der n Variablen eines LGS sind genau n linear unabhängigen Gleichungen erforderlich, die einander nicht widersprechen dürfen.[3]

Lineare Gleichungssysteme besitzen nicht nur in verschiedenen Bereichen der Mathematik, sondern auch im Hinblick auf außermathematische Anwendungen,

---

[1] Vgl. Brück 2009, S. 162
[2] Rießinger 2007, S. 263
[3] Vgl. Kreul/Zierbach 2006, S.327

einen zentralen Stellenwert.[4] Im Folgenden soll dieses Thema anhand von linearen Gleichungssystems mit zwei Variablen näher betrachtet werden.

2.2 Lineare Gleichungssysteme mit zwei Variablen – historisch betrachtet

Im Vergleich zu anderen mathematischen Themenbereichen, wie der Geschichte der Analysis, ist die Entstehung der „Linearen Algebra" bisher relativ wenig erforscht worden. Die Herkunft bzw. die Entstehung linearer Gleichungssysteme mit zwei Unbekannten muss hauptsächlich über Umwege aus konkreten Zahlenbeispielen erschlossen werden, da nur wenige Informationen aus der Literatur hervorgehen. Folglich muss auf Sekundärliteratur zurückgegriffen und die Gesamtdarstellung der Mathematik als weitere Hilfestellung mit einbezogen werden.

Heutzutage wird für die Lösung von Gleichungssystemen mit zwei Variablen das Einsetzungsverfahren, das Additionsverfahren oder das Gleichsetzungsverfahren genutzt.

Allerdings reicht das Lösen von linearen Gleichungssystemen mit zwei Unbekannten weit in die Zeit zurück, denn bereits um 1700 v. Chr. konnten die Unbekannten der zwei Gleichungen von den Babyloniern entschlüsselt werden.[5]

Weiter ist bekannt, dass die Griechen 300 n. Chr. bestimmte Symbole für die unterschiedlichen Rechenoperationen zur Hilfe nahmen, um bei linearen Gleichungssystemen zu einem Ergebnis zu gelangen.[6]

Es besteht durchaus die Möglichkeit, dass schon in anderen Kulturen vor dieser Zeit lineare Gleichungssysteme gelöst werden konnten. Dennoch ist es durch wenige bzw. vielleicht auch unverständliche Überlieferungen immer noch praktisch unmöglich dieses herauszufinden.

---

[4] Vgl. Tietze/Klika/Wolpers 2000, S. 33
[5] Vgl. v.d. Warerden 1956; S. 101ff
[6] Vgl. Popp 1981

2.3 Lehrplanauskunft – was ist Pflicht und was ist schon bekannt (Vernetzungsknoten)

Im Bereich der linearen Gleichungssysteme lassen sich viele Vernetzungsknoten zu anderen Themenbereiche der Schulmathematik der Sekundarstufe 1 ziehen. Bereits nach der sechsten Klasse haben Schülerinnen und Schüler (SuS)[7] Terme kennen gelernt und können diese in mathematische Modelle übersetzen, sowie mathematische Modelle auf eine Realsituation übertragen.[8] Dazu ist es notwendig mengentheoretische Begriffe, wie Lösungsmenge, Grundmenge, Schnittmenge usw. zu kennen. Des Weiteren sollten nach Ende der Jahrgangsstufe 6 die Begriffe, wie Gerade, Punkt usw. bekannt sein, die zur Vernetzung notwendig sind.

Am Ende der Jahrgangsstufe 8 sollten die SuS lineare Funktionen und Gleichungen in mathematische Modelle übersetzen können und umgekehrt. „SuS übersetzen einfache Realsituationen in mathematische Modelle (Zuordnungen, lineare Funktionen, Gleichungen, Zufallsversuche)".[9] „SuS ordnen einem mathematischen Modell (Tabelle, Graf, Gleichung) eine passende Realsituation zu".[10] Ebenfalls sollten die SuS Termumformungen mithilfe der Rechengesetze, sowie die Äquivalenzumformungen zum Lösen einer linearen Gleichung verinnerlicht haben und bei inner- und außermathematischen Problemen anwenden können.

Dies trägt dazu bei, dass das Kennenlernen und Verstehen der verschiedenen Verfahren zur Eliminierung einer Variablen, wie das Additionsverfahren, das Gleichsetzungsverfahren oder das Einsetzungsverfahren, leichter fällt. Zusätzlich soll das graphische lösen zum besseren Verständnis beitragen.

Explizit wird dies an zwei Stellen im aktuellen Lehrplan aufgeführt:
„SuS lösen lineare Gleichungssysteme mit zwei Variablen sowohl durch Probieren als auch algebraisch und grafisch und nutzen die Probe als Rechenkontrolle."[11] „SuS verwenden ihre Kenntnisse über lineare Gleichungssysteme mit zwei Variablen zur

---

[7] Um den Lesefluss im Weiteren Verlauf nicht zu stören, werden Schülerinnen und Schüler wie folgt Abgekürzt (SuS)

[8] Vgl. Kernlehrplan für die Realschule in Nordrhein-Westfalen, Mathematik, Sekundarstufe I, Heft 3302, S. 19

[9] Kernlehrplan für die Realschule in Nordrhein-Westfalen, Mathematik, Sekundarstufe I, Heft 3302, S. 23

[10] Kernlehrplan für die Realschule in Nordrhein-Westfalen, Mathematik, Sekundarstufe I, Heft 3302, S. 23

[11] Kernlehrplan für die Realschule in Nordrhein-Westfalen, Mathematik, Sekundarstufe I, Heft 3302, S. 29

Lösung inner- und außermathematische Probleme."[12] Die beiden Kompetenzerwartungen gelten für das Ende der Jahrgangsstufe 10.

Das lineare Gleichungssystem eignet sich aber auch auf natürliche Weise zur Erfüllung weiterer Kompetenzerwartungen. So empfiehlt es sich zum Beispiel die linearen Gleichungssysteme mit Hilfe der dynamischen Geometriesoftware (DGS)[13] GeoGebra zu behandeln. Laut Lehrplan sollten SuS am Ende der Jahrgangsstufe 8 mit einer Geometriesoftware umgehen können. „SuS nutzen Tabellenkalkulation und Geometriesoftware zum Erkunden inner- und außermathematischer Zusammenhänge"[14]

Außerdem bietet der Umgang mit Linearen Gleichungssystemen die Möglichkeit zur realitätsbezogenen Arbeit, etwa dadurch, dass sich SuS durch das Internet Informationen zu aktuellen Fahrkartenpreisen bei der Bahn oder persönlich Angebote bei Handyanbietern einholen, um Handytarife zu vergleichen und zu bewerten. Hierdurch können prozessbezogene Kompetenzen, wie beispielsweise Argumentieren/ Kommunizieren gefördert werden.

3. Lineare Gleichungssystem[15] mit zwei Variablen

Mathematisch lässt sich die lineare Gleichung mit zwei Variablen stets in der Form

$$ax + by = c$$

darstellen. Dabei bedeuten a, b und c beliebige, aber feste Zahlen, während x und y die beiden Variablen bezeichnen, für die innerhalb eines bestimmten Definitionsbereiches beliebige Werte eingesetzt werden dürfen.

Der Definitionsbereich einer Gleichung mit mehreren Variablen ist für die, in der Gleichung auftretenden, Variablen jeweils getrennt festzulegen.

Die Lösungen dieser Gleichung sind alle Kombinationen konkreter x- und y-Werte, die die Lineare Gleichung $ax + by = c$ zu einer wahren Aussage machen.

---

[12] Kernlehrplan für die Realschule in Nordrhein-Westfalen, Mathematik, Sekundarstufe I, Heft 3302, S. 29

[13] Um den Lesefluss im Weiteren Verlauf nicht zu stören, wird die dynamische Geometriesoftware wie folgt Abgekürzt (DGS)

[14] Kernlehrplan für die Realschule in Nordrhein-Westfalen, Mathematik, Sekundarstufe I, Heft 3302, S. 24

[15] Um den Lesefluss zu gewährleisten, soll im Rahmen dieser Arbeit für „Lineare Gleichungssysteme" die Abkürzung LGS verwendet werden.

Jede lineare Gleichung mit zwei Variablen ist auch als Funktionsterm einer linearen Funktion interpretierbar. Da der Graf einer linearen Funktion immer eine Gerade ist, bieten alle Wertepaare (x;y), die für jedes der Punkte der von der Gleichung beschriebenen Gerade stehen, unendlich viele Lösungen dieser Gleichung. [16]

Um zwei Variablen eindeutig bestimmen zu können, reicht somit eine einzige Gleichung nicht aus. Die Bestimmung der Lösungsmenge erfolgt durch die Verbindung zweier Gleichungen mit den Variablen x und y zu einem Gleichungssystem:

$$\left| \begin{array}{l} a\,x + by = c \\ d\,x + ey = f \end{array} \right|$$

Die beiden senkrechten Striche, in die das Gleichungssystem eingeschlossen wurde, weisen darauf hin, dass die beiden Gleichungen als zusammengehörig betrachtet werden sollen und dass die gemeinsame Lösung der Gleichungen - das Paar (x/y), das beide Gleichungen erfüllt - zu bestimmen ist.

Im Allgemeinen hat ein System von zwei linearen Gleichungen mit zwei Variablen eine eindeutige Lösung. Es gibt jedoch zwei Sonderfälle:

- Sind die beiden Gleichungen im System linear voneinander abhängig, dann existieren unendlich viele Lösungen.
- Widersprechen die Gleichungen einander[17], dann gibt es keine Lösung.

4. Lösungsverfahren für LGS mit zwei Variablen

Zur Ermittlung der Lösung eines LGS mit zwei Variablen werden üblicherweise vier Möglichkeiten betrachtet: ein geometrisches Verfahren durch graphische Darstellung und drei algebraische mittels Gleichungs- und Termumformungen.[18]

---

[16] Vgl. Scholl/Drews 2001, S. 202
[17] In diesem Falle sind zwar zwei voneinander unabhängige Gleichungen gegeben, die Aussagen dieser widersprechen einander. Z. B. nach der ersten Gleichung soll 2x+3y=12 sein und nach der zweiten Gleichung 2x+3y=15, also ein Widerspruch (vgl. Kreul/Ziebart 2006, S. 321).
[18] Vgl. Scholl/Drews 2001, S. 198

4.1 Geometrische Lösungsverfahren

Wie bereits dargestellt ist jede lineare Gleichung mit zwei Variablen als Funktionsterm einer linearen Funktion interpretierbar. Die „Übersetzung" einer Geradengleichung erfolgt durch die Auflösung dieser nach y. Geometrisch bedeutet die Bestimmung der Lösung eines LGS mit zwei Variablen die Ermittlung der Schnittpunkte beider Geraden.[19]

Zunächst erfolgt die grafische Darstellung der beiden Geraden in einem geeigneten Koordinatensystem. Anschließend werden die Koordinaten der möglichen Schnittpunkte beider Graphen und somit die Lösung des LGS ermittelt.

Besitzen beide Geraden des Gleichungssystems verschiedene Steigungen, schneiden sie sich folglich in einem Punkt. In diesem besitzt das LGS genau eine Lösung. Die Lösungsmenge besteht aus einem einzigen Wertepaar (x/y).

Haben beide Graphen eine gleiche Steigung, aber unterschiedliche y-Achsenabschnitte, so beschreiben die Ausgangsgleichungen Geraden, die parallel zu einander verlaufen und somit keinen Schnittpunkt haben. Die Lösungsmenge eines solchen LGS ist dementsprechend leer.

Stimmen die Graphen sowohl in ihrer Steigung als auch im y-Achsenabschnitt überein, so „fallen diese Geraden quasi zusammen". Die Gleichungen des LGS beschreiben in diesem Fall dieselbe Gerade und bieten somit unendlich viele Lösungen.

Das geometrische Lösungsverfahren ist fest in der Grundvorstellung dieser Thematik verankert. „Die geometrischen Betrachtungen dienen dazu, (…) ein Verständnis für die fundamentale Tatsache zu erzeugen, dass ein lineares Gleichungssystem stets entweder keine, genau eine oder aber unendlich viele Lösungen besitzt."[20] Kritisiert wird dieses Lösungsverfahren in der Fachliteratur im Bezug auf Ungenauigkeit. „Man muss jedoch berücksichtigen, dass geometrische Lösung eines Gleichungssystems meistens mit einer systembedingten Ungenauigkeit behaftet ist und deshalb nur eine „Notlösung" darstellt."[21]

---

[19] Vgl. ebd., S. 202
[20] Proguntke 2004, S. 104
[21] Scholl/Drews 2001, S. 202

4.2 Algebraische Lösungsverfahren

Üblicherweise unterscheidet man drei algebraische bzw. rechnerische Verfahren zur Lösung der LGS: das Gleichsetzungsverfahren, das Einsetzungsverfahren und das Additionsverfahren.[22]

Im Wesentlichen bedienen sich alle drei Lösungsmethoden derselben Grundidee. Durch geschickte Umformungen soll eine der beiden Variablen eliminiert werden, um „statt der zwei Gleichungen mit zwei Variablen nur noch eine Gleichung mit einer Variablen zu bekommen, die sich dann nach bekannten Verfahren lösen lässt"[23]. Das gewonnene Ergebnis setzt man anschließend in eine der ursprünglichen Gleichungen ein, um so den fehlenden Wert der zweiten Unbekannten errechnen zu können. Zusammenfassend kann der Lösungsvorgang folgend dargestellt werden:[24]

Lineares Gleichungssystem

Durch Anwendung eines Verfahrens Reduktion auf eine Gleichung mit einer Variablen

Lösen der einen Gleichung

Einsetzen der Lösung für die eine Variable in die erste oder zweite Gleichung

Lösung der Gleichung mit der zweiten Variablen

Die Vorgehensweise bei der Reduktion des LGS auf eine Gleichung mit einer Variablen stellt den entscheidenden Unterschied zwischen einzelnen Verfahren der rechnerischen Lösung dar.

Beim **Gleichsetzungsverfahren** werden beide Gleichungen nach derselben Unbekannten bzw. demselben Term aufgelöst. So erhält man zwei Ausdrücke, die gleichgesetzt werden können. Rießinger (2007) erklärt diesen Schritt wie folgt:

---

[22] Vgl. Rießinger 2007, S. 248
[23] Kreul/Ziebarth 2006, S. 317
[24] Vgl. bildliche Darstellung vom grundsätzlichen Lösungsverfahren Scholl/Drews 2001, S. 198

„Ich habe nur beide Gleichungen nach y aufgelöst und dadurch zwei Gleichungen der Form y = dies und y = jenes erhalten. Da die beiden Ausdrücke „dies" und „jenes" das gleiche y meinten, konnte ich sie gleichsetzten und damit eine einzige lineare Gleichung mit nur einer Unbekannten erhalten."[25]

Dieses Verfahren bietet sich insbesondere an, wenn die Variablen auf verschiedenen Seiten der Gleichung stehen und die Terme auf einer Seite beider Gleichungen Überstimmen. Zum Beispiel können bei der Gleichung

$$\left|\begin{array}{l} 6x = 3y - 12 \\ 6x = -8y + 21 \end{array}\right|$$

die rechten Seiten sofort gleichgesetzt werden. Somit erhält man die Gleichung 3y–12=-8y+21, die nur ein Unbekannte erhält und kann nach dem für alle drei Lösungsverfahren gültigen Schema fortfahren.

Beim **Einsetzungsverfahren** erfolgt die Reduktion des LGS auf eine Gleichung mit einer Variablen, in dem zunächst eine der beiden Ausgangsgleichungen nach einer der Unbekannten aufgelöst wird. Der entstandene Ausdruck wird anschließend in der anderen Gleichung für diese Unbekannte eingesetzt.[26]

Um zum Beispiel zur Lösung des Gleichungssystem

$$\left|\begin{array}{l} 2x + 3y = 6 \\ 4x + \ y = 7 \end{array}\right|$$

mit Hilfe des Einsetzungsverfahrens zu gelangen, löst man im Zuge des Reduktionsvorgangs – im Gegensatz zum Gleichsetzungsverfahren - nur eine der beiden Gleichungen nach einer Unbekannten auf: y=7–4x. Der entstandene Ausdruck wird in der ersten Gleichung genau an Stelle von y eingesetzt. Somit erhält man die lineare Gleichung 2x+3(7-4x)=7. Anschließend folgen weitere Schritte des für alle drei Lösungsverfahren gültigen Schemas zur Lösung des LGS.

---

[25] Rießinger 2007, S. 249
[26] Vgl. Rießinger 2007, S. 253

Dieses Verfahren eignet sich vor allem dann, wenn sich eine der beiden Gleichungen auf eine einfache Weise nach einer Variablen auflösen lässt.

Beim **Additionsverfahren** wird eine der Unbekannten durch die Addition beider Gleichungen aufeinander eliminiert. Dabei wird zunächst eine oder beide Gleichungen so mit einem bestimmten Faktor multipliziert bzw. durch einen Divisor geteilt, dass beide Gleichungen vor einen der Unbekannten die gleiche Zahl stehen haben, allerdings einmal in positiv und einmal negativ, damit beim Addieren[27] der beider Gleichungen aufeinander dieser Unbekannte wegfällt[28]. Um Eliminationsverfahren zum Beispiel am Gleichungssystem

$$\begin{vmatrix} 7x + 2y = 40 \\ 4x + 2y = 4 \end{vmatrix}$$

durchzuführen, wäre es sinnvoll die zweite Gleichung mit dem Faktor (-1) zu multiplizieren. Das Gleichungssystem erhält somit die Form

$$\begin{vmatrix} 7x + 2y = 40 \\ -4x - 2y = -4 \end{vmatrix}$$

Die Addition der linken und rechten Seiten der Gleichungen (7x+2y)+(-4x-2y)=40-4 ergibt eine lineare Gleichung mit einer Variablen, und zwar 3x=36. Anschließend kann das LGS nach, für alle drei Lösungsverfahren gültigen, Schema gelöst werden. Das Additionsverfahren eignet sich insbesondere bei LGS, bei dem die Auflösung nach einer der Variablen den Lösungsweg verkomplizieren würde.

Die Entscheidung, welches der drei Verfahren für Lösung des LGS ausgewählt wird hat keine Auswirkung auf das Endergebnis, führt aber im günstigsten Fall zur Optimierung des Lösungsweges.

Im Allgemeinen hat ein System mit zwei linearen Gleichungen und zwei Variablen eine eindeutige Lösung, die durch Anwendung des oben dargestellten allgemeingültigen Lösungsverfahrens ermittelt werden kann.

---

[27] Man addiert die Gleichungen aufeinander, in dem man die linke Seite der ersten Gleichung auf die linke der Zweiten addiert und die rechte Seite der ersten Gleichung auf die rechte Seiten der Zweiten.
[28] Rießinger 2007, S. 259

Ist nach dem Reduktionsverfahren die entstandene lineare Gleichung mit einer Unbekannten unlösbar[29], so hat auch das LGS keine Lösung. Ist diese allgemeingültig[30], so hat das Gleichungssystem unendlich viele Lösungen.

5. Lineare Gleichungssysteme mit GeoGebra

Wie bereits erwähnt, eignet sich die DGS GeoGebra zum Einsatz im Mathematikunterricht zum Thema „Lineare Gleichungssysteme" besonders gut, da „es in hervorragender Weise entdeckendes, handlungsorientierendes Lernen fördert und sich zur Lösung von Problemaufgaben eignet."[31] Dies kann man sich exemplarisch bei der Aufstellung einer Übersicht über die verschiedenen Handytarife deutlich machen, indem die SuS zunächst ohne Hilfe einer DGS den best möglichen Tarif rechnerisch herausfinden und erst dann den Computer nutzen. Der Einsatz des Computers und bezüglich lineare Gleichungssysteme speziell auch das Programm GeoGebra, dient dabei vor allem „zur Veranschaulichung von Zusammenhängen"[32]. „Die Software bietet die Möglichkeit, einen direkten Zusammenhang zwischen Funktionsgleichung und Graphen zu visualisieren."[33] SuS können daher mathematische Begriffe besser verstehen und diese verinnerlichen. „Software-Einsatz = Chance für mathematisches Denken."[34] Ein Vorteil des Einsatzes dieses Mediums bei der Behandlung des Themas „Lineare Gleichungssysteme mit zwei Unbekannten" im Mathematikunterricht ist auch die Vielfalt der symbolischen, ikonischen und enaktiven Darstellungsmöglichkeiten. Dies ermöglicht den SuS Ergebnisse in verschiedenen Varianten selbstständig darzustellen. Hierzu dient das Geometrie- und Algebrafenster, bei dem die Textfarbe der Funktionsgleichung mit der Farbe der Funktionsgeraden selbst übereinstimmt und somit besser kenntlich gemacht wird.

Ein Weiterer großer Vorteil ist, dass experimentell gearbeitet werden kann. (z.B. könnten die SuS, die zunächst zwei vorgegebene Handytarife miteinander verglichen haben, sich die Frage stellen, wie hoch die Grundgebühr des Tarifes mit den

---

[29] Wenn man z. B. beim Lösen der linearen Gleichung das Ergebnis 0=6 erhält, ergibt dies eindeutig einen Widerspruch, die Gleichung ist somit unlösbar.

[30] Wenn man beim Lösen der linearen Gleichung z. B. zum Ergebnis 0=0 kommt, ist dieses allgemeingültig, da „kein x oder y an der Tatsache etwas ändern kann, dass eine 0 immer eine 0 bleibt"(Rießinger 2002, S. 255).

[31] http://www.geogebra.org/help/geogebra_flyer_de.pdf

[32] http://www.geogebra.org/help/geogebra_flyer_de.pdf

[33] http://www.lehrer-online.de/funktionsgleichungen.php

[34] Reichel 1995, S. 264

billigeren Einheitskosten ist, wenn sich dieser erst nach 200 Minuten statt 100 Minuten rentiert. Weiterhin könnten die SuS durch paralleles Verschieben der Funktion in y- Richtung die Grundgebühr erhöhen bzw. verringern und sich so bewusst machen wie sich die Telefonzeit verändert, damit sich der Handytarif im Vergleich zum gleichgebliebenen Tarif lohnt.

Das experimentelle Arbeiten wäre bei einer Berechnung ohne eine DGS, also nur mit einem Taschenrechner, zum einen nicht nur mit einem größeren zeitlichen Aufwand verbunden, sondern birgt zum Anderen auch die Gefahr, dass sich die SuS bei ihren „handschriftlichen Berechnungen" schneller verrechnen können. Ebenso treten bei sehr kleinen bzw. sehr großen Steigungen oder bei stark unterschiedlichen Größenordnungen der Achsen beim „handschriftlichen Zeichnen" häufig Ungenauigkeiten und Skalierungsprobleme auf. Da bei GeoGebra die Skalierung mit wenigen Mausklicks verändert werden kann, weist dieses somit einen immensen Vorteil gegenüber dem "handschriftlichen Verfahren" auf.

So lässt sich abschließend feststellen, dass GeoGebra insbesondere für den Einsatz im Unterricht zum Thema „Lineare Gleichungssysteme" sinnvoll genutzt werden kann, da dieser Themenbereich algebraisch und graphisch behandelt werden muss und GeoGebra diese Eigenschaften vereint. „Geogebra ist ein (…) speziell für den Mathematikunterricht der Sekundarstufe entwickeltes Werkzeug, das dynamische Geometrie, Algebra und Analysis auf neue Art und Weise verbindet."[35] Des Weiteren ist die Software sehr leicht zu bedienen, kann kostenlos im Internet heruntergeladen werden und somit auch zu Hause zum Üben und reflektieren dienen.

6 Fazit

Wie in der Einleitung bereits erwähnt und in dieser Ausarbeitung zu lesen war, weist das Thema "Lineares Gleichungssystem" alltagsnahe Bezüge auf. Bereits vor ca. 4000 Jahren haben Menschen erkannt, dass einige ihrer Probleme mit Hilfe von Gleichungssystemen, die eine Beziehung zwischen mehreren Größen darstellen, gelöst werden können. Auch in der heutigen Zeit kommt diesem Themengebiet in diversen inner- und außenmathematischen Bereichen eine grundlegende Bedeutung zu.

---

[35] Hohenwarter 2005, S. 78

Im Rahmen des Mathematikunterrichts der Sekundarstufe I bietet die Behandlung von LGS mit zwei Unbekannten eine große Vielfalt an Verknüpfungsmöglichkeiten und Betrachtungsweisen. Zum Einen knüpft die Thematik an den Themenbereichen der linearen Funktion mit einer Variablen und der sich durch den Funktionsgraphen darstellenden Geraden an. Zum Anderen wird der sich durch die Mittelstufe „durchziehende", algebraische Themenfaden „Terme und Gleichungen" weiterverfolgt. Durch Kenntnis und Vergleich mehrerer Verfahren werden SuS in die Lage versetzt ökonomische Lösungsstrategien zu entwickeln. „Dem grafischen Lösungsverfahren kommt wegen der zunehmenden Visualisierung in der Lebenswelt eine gestiegene Bedeutung zu."[36]

Die Inhalte dieses mathematischen Bereiches sind besonders gut geeignet um alternative Unterrichtsmethoden anzuwenden und zum Beispiel Angebote des konkurrierenden Telefonanbieters miteinander zu vergleichen. Durch die Alltäglichkeit der auftauchenden Probleme, können sich SuS viel besser in die Problematik der gestellten Aufgaben hineinversetzen und sich davon motivieren lassen. Weiterhin ist auch das Verlangen der SuS mit neuen Medien in der Schule zu arbeiten gestillt, da sich dieses Thema, wie oben beschrieben, hervorragend zur Benutzung von GeoGebra eignet. Das dynamische Nebeneinander von Geometrie und Algebra in GeoGebra ermöglicht den SuS auf einfache Weise einen experimentellen Zugang zur Mathematik. Dadurch kann ein selbstgesteuertes, individuelles und entdeckendes Lernen gefördert werden.

Die Behandlung der LGS mit zwei Variablen kann, sowohl als Vorbereitung für die Oberstuffe, als auch im Bezug auf das beinhaltende Mathematisierungsmuster betrachtet werden. Daher ist es von enormer Bedeutung dieses vielschichtige Thema mit größter Sorgfalt im Unterricht zu behandeln.

---

[36] http://lernarchiv.bildung.hessen.de/lehrplaene/realschule/mathematik/edu_11889.html

Literaturverzeichnis

Brück, Jurgen (2009): Mathematik für jedermann. Compact Verlag, München

Hohenwarter, Markus (2005): Bidirektionale Verbindung von dynamischer Geometrie und Algebra in GeoGebra. In: erscheint im Tagungsband des GDM Arbeitskreises für Mathematikunterricht und Informatik. Soest

Kreul, Hans / **Ziebarth**, Harald (2006): Mathematik leicht gemacht-

Ministerium für Schule, Jugend und Kinder des Landes NRW (2004): Kernlehrplan für die Realschule in Nordrhein-Westfalen, Mathematik, Heft 3302; Ritterbach Verlag; 1. Auflage

Popp, Walter(1981): Wege des exakten Denkens. Ehrenwirth Verlag, München

Proguntke, Werner (2004): Keine Angst vor Mathe. Hochschulmathematik für Einsteiger. B. G. Teubner Verlag, Wiesbaden

Reichel, Hans-Christian (1995): Computereinsatz im Mathematikunterricht. BI-Wissenschaftsverlag, Mannheim; Leipzig; Wien; Zürich

Rießinger, Thomas (2007): Keine Angst vor Algebra. Von Bruchrechnung zum Logarithmus. Spektrum Akademischer Verlag, München

Scholl, Wolfgang / **Drews**, Reiner (2001): Handbuch Mathematik. Orbis Verlag, München

Van der Waerden, Bartel L.(1956): Erwachende Wissenschaft. Brinkahuser, Basel und Stuttgart

Vollrath, Hans-Joachim (1994): Algebra in der Sekundastufe. BI-Wissenschaftsverlag, Mannheim; Leipzig; Wien; Zürich

Internetquellen:

http://www.geogebra.org/help/geogebra_flyer_de.pdf (letzter Zugriff am 15.03.2010)

http://www.lehrer-online.de/funktionsgleichungen.php (letzter Zugriff am 08.03.2010)

http://lernarchiv.bildung.hessen.de/lehrplaene/realschule/mathematik/edu_11889.htm (letzer Zugriff am 17.03.2010)